BEI GRIN MACHT SICH IHR WISSEN BEZAHLT

- Wir veröffentlichen Ihre Hausarbeit,
  Bachelor- und Masterarbeit

- Ihr eigenes eBook und Buch -
  weltweit in allen wichtigen Shops

- Verdienen Sie an jedem Verkauf

Jetzt bei www.GRIN.com hochladen
und kostenlos publizieren

Michael Dienst

Transactions in Bionic Patents - Adaptive kinematische Segmente für bewegliche Statorschaufeln von Vorleitapparaten in Strömungsmaschinen

GRIN Verlag

Bibliografische Information der Deutschen Nationalbibliothek:

Die Deutsche Bibliothek verzeichnet diese Publikation in der Deutschen National-
bibliografie; detaillierte bibliografische Daten sind im Internet über http://dnb.d-
nb.de/ abrufbar.

Impressum:

Copyright © 2012 GRIN Verlag GmbH
Druck und Bindung: Books on Demand GmbH, Norderstedt Germany
ISBN: 978-3-656-31560-5

Transactions in Bionic Patents

Traktat über die Beiträge zu den "Transactions in Bionic Patents"

Die "Transactions in Bionic Patents" bilden eine Sammlung von Schriften zu Patent- und Gebrauchsmusteranmeldungen im Themenfeld Biologie & Technik die in loser Reihenfolge und Terminus erscheint.

Gegenstand der Beiträge zu den Schriften der "Transactions in Bionic Patents" sind Gestaltungsfragen und die kritische Auseinandersetzung mit aktuellen Themen der Bionik, also Technik nach Vorbildern aus der belebten und unbelebten Natur und ihre patentrelevante Umsetzung.

Mit den "Transactions in Bionic Patents" soll der Fortschritt auf dem Gebiet der angewandten Bionik dadurch gefördert werden, dass die dargestellten Patente und Gebrauchsmuster frei von Rechten Dritter und mit ausdrücklicher Genehmigung der Patentanmelder und Inhaber dem Leser dieser Schriften zur Nutzung verfügbar werden.

Gleichzeitig wird ein tieferes Verständnis der Bionik innerhalb des Fachs und der Öffentlichkeit her- und ein rezentes Problemfeld wirklichkeitsnah und verständlich dargestellt. Als Übergeordneter Aspekt gilt es, Lösungswege der Übertragung biologischer Phänomene zu untersuchen, auszuleuchten und Fragestellungen die im Zusammenhang stehen mit Natur und Technik nachzugehen sowie Forschung und Ausentwicklung zum Thema anzustoßen

Die Beiträge zur Schriftensammlung "Transactions in Bionic Patents" sind in deutscher Sprache verfasst. Dem Text kann eine teilweise oder vollständige Übersetzung in englischer Sprache beigestellt werden; Art, Umfang, Anordnung und Organisation der Textteile sind dem Autor überlassen und frei. Die englische Fassung soll den Umfang der deutschen Fassung nicht überschreiten.

In einer Ausgabe der Schriftensammlung "Transactions in Bionic Patents" soll nur ein Werk platziert werden. Der Text kann durch Abbildungen ergänzt werden; die Bildrechte und andere Urheberrechte sind dabei zu achten.

Die jeweiligen Gebrauchsmuster- oder Patentschriften sind dem Anhang beigefügt.

M. Dienst, Berlin.

University of Applied Sciences Berlin, Germany

BIONIC RESEARCH UNIT

Technische Beschreibung

IPC F01D 5/28 (2006.01) Gebrauchsmuster Nr. 20 2009 008 234.2

Titel

Adaptive kinematische Segmente für bewegliche Statorschaufeln von Vorleitapparaten in Strömungsmaschinen.

Stand der Technik

Strömungsmaschinen sind mechanisch und thermisch hoch belastete Systeme und arbeiten im Betrieb hinsichtlich Leistungsfähigkeit und Effizienz im Grenzbereich des heute technisch Machbaren.

Bei Pumpen, Verdichtern und Turbinen sind variable Vorleitapparate Stand der Technik. Variable Vorleitapparate konditionieren den Fluidmassenstrom und dienen der

Leistungsanpassung der Strömungsmaschine an geforderte Betriebszustände. In variablen Vorleitapparaten nach Stand der Technik ist der Einsatz profilierter Tragflügelsegmente (Statorschaufeln) üblich, welche mittels einer kollektiven Blattverstellung die vom Fluid durchflossenen Querschnitte variieren. Optimale Leistungsanpassung einer Strömungsmaschinen mit variablen Vorleitapparat wird durch das Zusammenwirken einer optimierter Konstruktionen der strömungsbeaufschlagten Bauteile mit einer komplexen regelungstechnischen Informationsverarbeitung erreicht. Bei Vorleitapparaten nach dem Stand der Technik wird der Einstellwinkel der einzelnen Schaufeltragflächen durch einen gemeinsamen Mechanismus variiert (kollektive Blattverstellung).

Die Optimierungsparameter moderner Strömungsmaschinen zielen auf Leistungsfähigkeit und Effizienz im Betrieb, Bauteilfestigkeit, Funktion und Lebensdauer bei geringem Gewicht. Übergeordnetes Entwicklungsziel ist die rasche Leistungsanpassung der Strömungsmaschine im Teillastbetrieb.

Problembeschreibung.

Bei Hochleistung- Strömungsmaschinen kann es insbesondere im Teillastbetrieb aufgrund äußerer Störungen oder ungünstiger innerer Fluiddynamik in den Fluidwegen zu Strömungszuständen kommen, die sich einer - hinsichtlich der Betriebsparameter vorteilhaften - Reaktion der Regelungselektronik entziehen. Dies ist insbesondere dann der Fall, wenn instationäre fluid-mechanische Effekte lokal auftreten (beispielsweise nur an einer von mehreren Statorschaufeln) und die Regelungselektronik nicht reagiert oder aber mit einer kollektiven Blattverstellung des gesamten Leitschaufelkranzes auf die veränderte Strömungs-situation antwortet. In diesem Zusammenhang wäre eine lokale Reaktion jeder singulären Statorschaufel wünschenswert.

Die hohen thermischen und mechanischen Belastungen fordern den Einsatz von thermisch stabilen Werkstoffen. Bei variablen Vorleitapparaten mit kollektiver Blattverstellung sind Leitschaufel-konstruktionen (Statorschaufeln) auf der Basis metallischer Werkstoffe Stand der Technik.

Bewegliche elastische, segmentierte Bauweisen für profilierte Tragflügelsegmente (Statorschaufeln) mit zentralen Gelenken sind durchaus denkbar. Jedoch verhalten sich derartige Konstruktionen hinsichtlich ihres Bewegungsverhaltens bei Lasteintrag konventionell: die Richtung der Formänderung der beaufschlagten Bauteile folgt der Richtung des Lasteintrags. Die Verformung einer Leitschaufelkonstruktion mit konventioneller Kinematik führt dann zu unerwünschten Veränderungen der Anströmbedingungen am fluidisch beaufschlagten Bauteil und erfordert würde u. U. einen zusätzlichen regelungstechnischen Kontrollaufwand.

Problemlösung

Die Erfindung betrifft eine segmentierte, kinematisch- elastische Bauweise für fluidisch beaufschlagte, thermisch und mechanisch hoch belastete Leitschaufelkonstruktionen für Vorleitapparate in Strömungsmaschinen mit einer bilateralen Kinematik, vorzugsweise Radialmaschinen. Bauteile aus Segmenten nach Anspruch 1 sind aufgrund der bilateralen Bauweise und aus kinematischen Gründen geeignet, die Richtung und Richtungssinn des Lasteintrags zu adaptieren. Als Gestaltungselement in Strömungsmaschinen können Bauteile aus Segmenten nach Anspruch 1 eine strömungsmechanisch vorteilhafte Formänderung auszuführen. Die Segmente bestehen vorzugsweise aus Federstahlblech.

Erreichbare Vorteile

Die Form-Adaption des Vorleitapparates einer Strömungsmaschine mit Leitschaufeln aus Segmenten nach Anspruch 1 ist lokal. Der bei fluidischer Beaufschlagung durch Lasteintrag erforderliche regelungstechnische Kontrollaufwand kann durch einen Vorleitapparat mit Leitschaufeln aus Segmenten nach Anspruch 1 vermindert werden.

Die funktionalen Elemente der Konstruktion können hinsichtlich Position und Geometrie parametrisiert werden, so dass der Konstrukteur die Leitschaufeln aus Segmenten wie ein Gestaltungselement für das Entwerfen von Vorleitapparaten in Radial- Strömungsmaschinen behandeln kann. Die Bauweise nach Anspruch 1 ist universell. Die Positions- und Geometrieparameter der Segmente nach Anspuch 1 als auch die Entwurfparameter der Gesamtkonstruktion sind die Variablen für eine experimentelle oder computerunterstützte Funktionsoptimierung der Radial-Strömungsmaschine.

Aufbau und Wirkungsweise und bauliche Ausführung.

Aufbau. Die Segmente der Erfindung nach Anspruch 1 bestehen aus Stahlblech. In Figur 1 ist ein Segment in Seitenansichten und Draufsicht schematisch dargestellt. An den Kanten besitzt das Segment Aussparungen A; sie verleihen dem Blechsegment Elastizität und Beweglichkeit um diese Kante (Segmentschulter) herum. Die Segmentschultern stellen stoffschlüssige federnde Lagerungen dar. An den Wangen besitzt das Segment Sicken S; sie verleihen dem Segment Steifigkeit in diesem Bereich. Der

Rücken des Segments weist bilaterale Schlitze und eine zentrale Bohrung auf.

Die Segmente sind rapportfähig. Die Enden des Blechsegments bilden Blechzungen Z aus, die beim Fügen zweier Segmente dadurch eine Positionierung leisten, dass sie in die Schlitze im Rücken des benachbarten Segments passen. Die Aussparungen vor und zwischen den Zungen bilden Schneiden aus. Rücken des einen und Schneiden des benachbarten Segments stellen zwei sehr leichtgängig- gelenkige Lager (Schneidenlager Sch) in bilateraler Anordnung dar. Die Blechfahnen, die zu den Schneidenlagern führen, besitzen ebenfalls Sicken zur mechanischen Aussteifung (schematisch dargestellt in Figur 1).

Durch die zentrale Bohrung der Segmente wird ein flexibler Draht gesteckt, der vorgespannt wird und in der Gesamtkonstruktion ein Zugankersystem ausbildet.

Wirkungsweise und bauliche Ausführung. Aufeinader gesteckt, bilden mehrere Segmente ein Segmentsystem aus (schematisch dargestellt in Figur 2). Aufgrund der Beweglichkeit in den Segmentschultern und der Beweglichkeit in den Schneidenlagern Sch bilden mehrere Segmente eine Kette (Segmentsystem) von trapezförmigen vier-gelenkigen Getriebekinematiken aus, wie schematisch dargestellt in Figur 3 oben: Segmentkette und schematisch in Figur 3 unten: Mehrgelenk- Getriebekinematik.

Aus der technischen Mechanik und der Getriebelehre ist bekannt, dass ein Trapezgetriebe, als Spezialfall einer (allgemeinen) bilateralen Mehrgelenk- Getriebekinematik, auf einen Lasteintrag mit einer Kippbewegung reagiert, die der Lastrichtung entgegengerichtet ist. Bilaterale, elastische Mehrgelenk- Getriebekinematiken sind deshalb in der Lage, auf Lasteinträge mit einer nichtkonventionellen Körperbewegung zu antworten. Als Konstruktionsprinzip stellen sie die Basis für den Entwurf adaptiver Kinematiken dar.

An den Anfang und das Ende eines Segmentsystems werden in einer für die Anwendung in einer Radial- Strömungsmaschine ausgeführten Konstruktion strömungsmechanisch günstig gestaltete Formteile angebracht (schematisch dargestellt in Figur 4). Ein flexibler, vorgespannter zentraler Zuganker verbindet die Formteile an den Enden zu einem Strömungskörper.

Die Wangen der Segmente nach Anspruch 1 sind in der ausgeführten Konstruktion auf mechanische Festigkeit (Sicken) ausgestaltet. Ebenso besitzen die winkeligen Blechfahnen, die zu den Schneidenlagern führen, Sicken.

Das zu einem Strömungskörper gefügte Segmentsystem besitzt neben der Beweglichkeit in lateraler Richtung bauartbedingt eine gewisse Elastizität in axialer Richtung.

Aufgrund der bilateralen Anordnung der Gelenke beantwortet das Segmentsystem einen seitlichen Lasteintrag mit einer Körperbewegung, die bei geeigneter geometrischer Auslegung nichtkonventionell und strömungsadaptiv im Sinne der oben ausgeführten Beschreibung des physikalischen Effekts.

Die mechanische Verbindung des flexiblen Strömungskörpers mit dem Gehäuse, bzw. der Achse der kollektiven Blattverstellung des Vorleitapparates wird günstiger Weise im Bereich eines der beiden Formteile ausgeführt.

Die Skizze Figur 5 zeigt in einer schematischen Darstellung die Anordnung einer Leitschaufel L aus Segmenten nach Anspruch 1 als Teil des Vorleitapparates einer Radial- Turbine T.

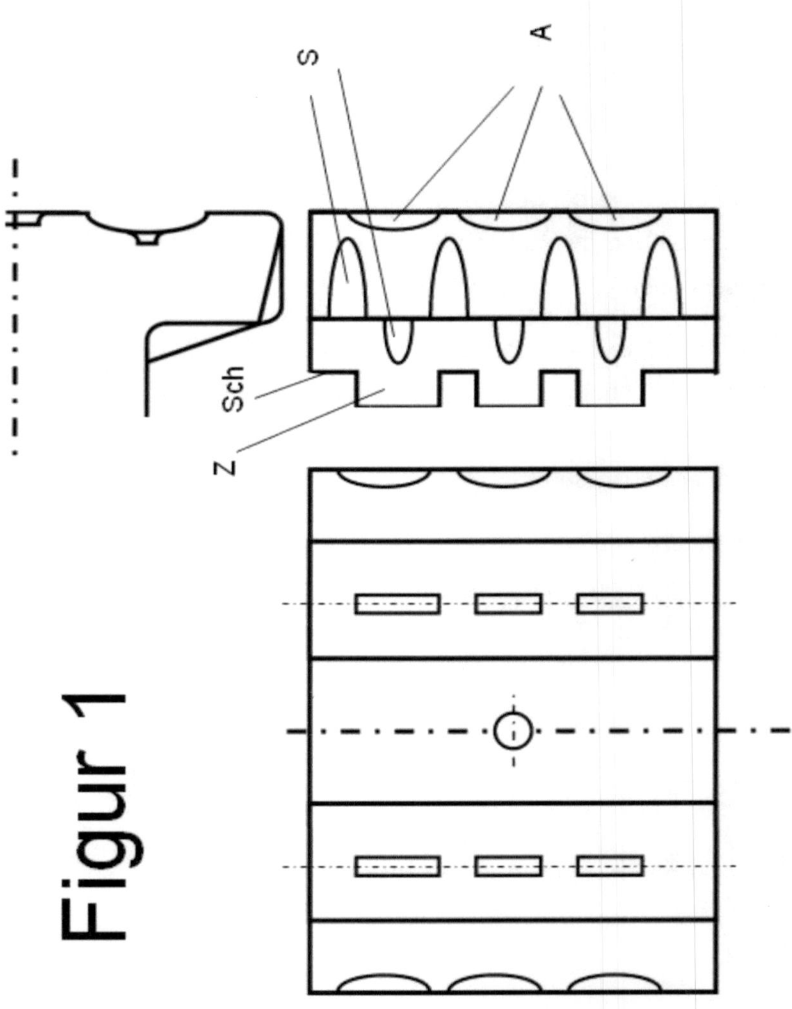
S
A
Sch
Z
Figur 1

Figur 2

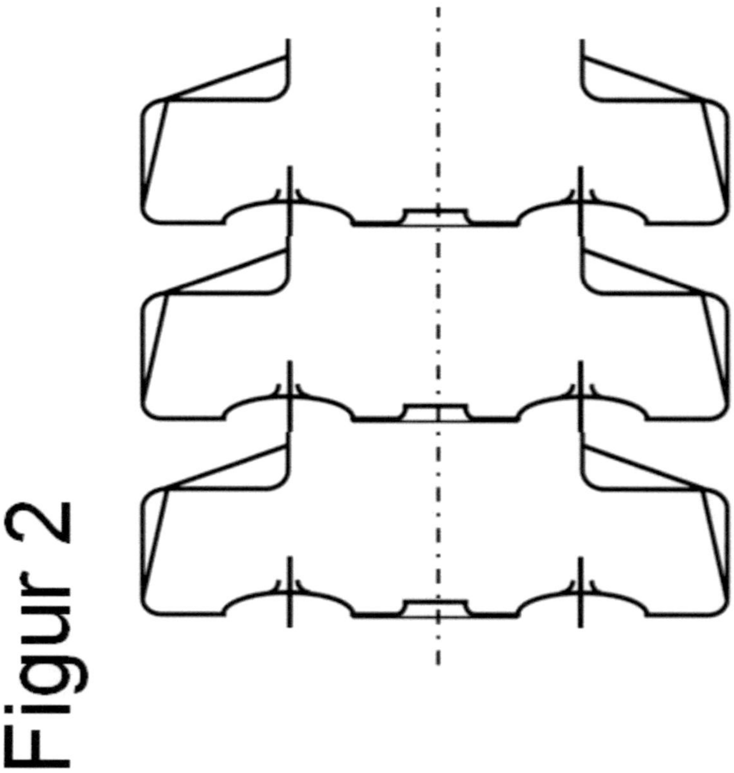

Figur 3

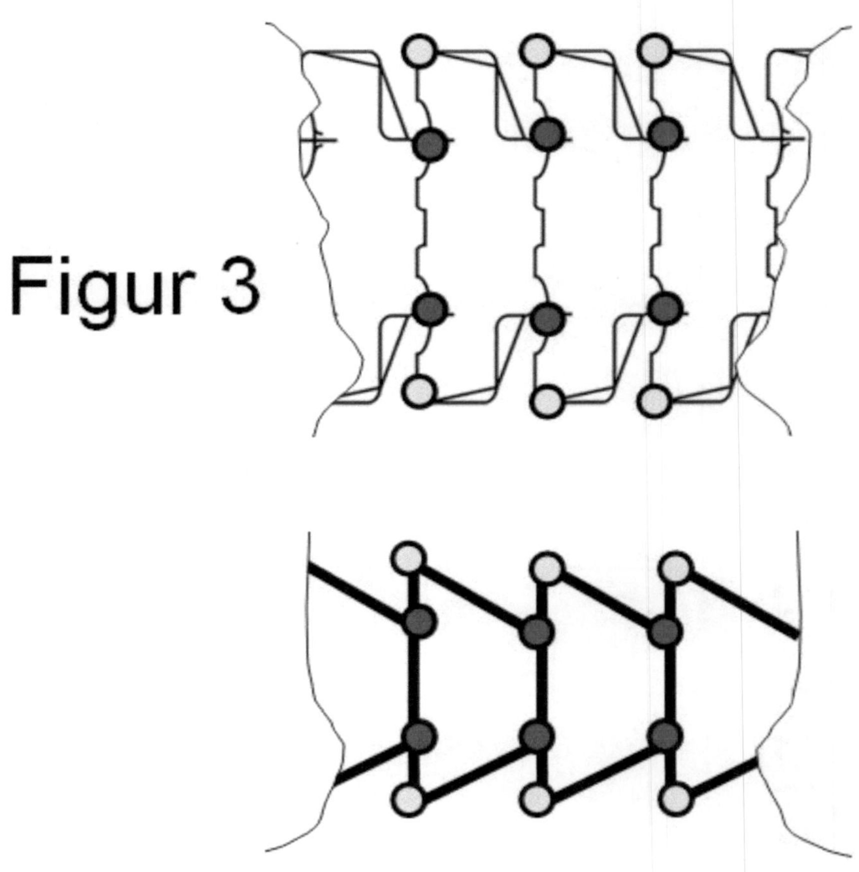

University of Applied Sciences Berlin, Germany

BIONIC RESEARCH UNIT

Adaptive kinematische Segmente für bewegliche Statorschaufeln von Vorleitapparaten in Strömungsmaschinen.

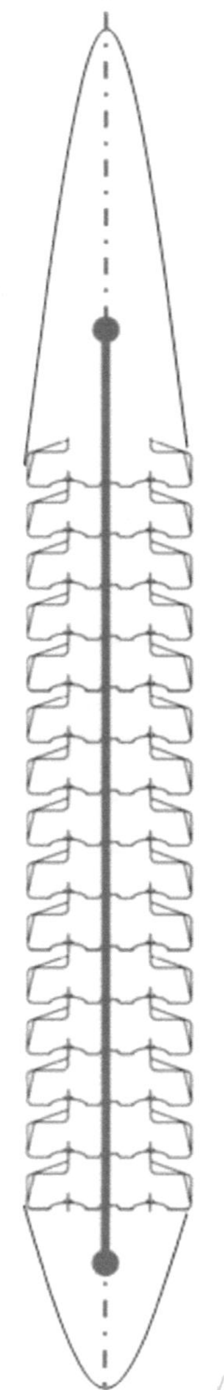

Figur 4

Adaptive kinematische Segmente für bewegliche Statorschaufeln von Vorleitapparaten in Strömungsmaschinen.

Figur 5

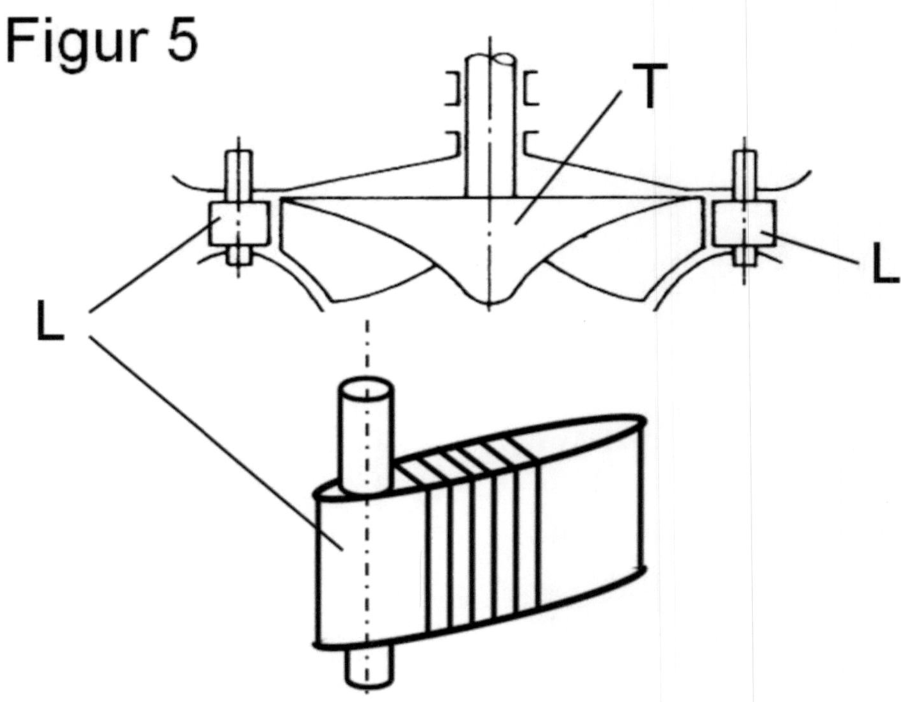

Schutzansprüche

1. Adaptive kinematische Segmente für bewegliche
   Statorschaufeln von Vorleitapparaten in
   Strömungsmaschinen dadurch gekennzeichnet,

   dass mehrere Segmente zu einer konstruktiven Einheit
   gefügt werden können.

2. Adaptive kinematische Segmente nach Anspruch 1 dadurch
gekennzeichnet,

   dass die Segmente eine definierte Elastizität besitzen.

3. Adaptive kinematische Segmente nach Anspruch 1 dadurch
gekennzeichnet,

   dass mehrere Segmente gefügt eine räumliche Kinematik
bilden.

4. Adaptive kinematische Segmente nach Anspruch 1 dadurch
gekennzeichnet,

University of Applied Sciences Berlin, Germany
BIONIC RESEARCH UNIT

dass die Segmente durch eine Zugankerkonstruktion
formschlüssig zu einem Segmentsystem gefügt werden.

5.   Adaptive kinematische Segmente nach Anspruch 1 dadurch
gekennzeichnet,

dass ein System Segmenten mit Formteilen zu einem
Strömungskörper gefügt werden können